Alfred Maury

Les Dégénérescences de l'espèce humaine
de
l'espèce humaine

Le savoir
en poche

ISBN : 978-1548299101

10 9 8 7 6 5 4 3 2 1

Alfred Maury

Les Dégénérescences de l'espèce humaine

Le savoir
en poche

Table de Matières

Introduction

C'est un spectacle navrant et bien propre à rabaisser notre orgueil que la vue de ces êtres abrutis, stupides et repoussants, qui, sous le nom d'idiots, de démens, de gâteux, peuplent nos hospices et nos asiles. En présence d'une pareille dégradation, on se demande involontairement si l'homme que la maladie ou une infirmité de naissance peut ravaler à ce point et ramener au niveau de la brute est vraiment la créature privilégiée faite à l'image de Dieu. L'impression est encore plus pénible quand on se transporte dans certaines régions montagneuses, en de hautes vallées où se rencontrent des êtres non moins dégradés. On n'est plus ici dans le refuge offert par la charité à la misère, à la maladie ou au vice. Tout au contraire dans ces régions alpestres promet la force, le bonheur et la santé. L'air est pur, la verdure luxuriante, des eaux en apparence limpides baignent d'admirables paysages, et cependant à chaque village, à chaque habitation presque, on rencontre un malheureux qui est comme dépossédé de sa qualité d'homme. Sa tête est énorme ou mal conformée, son ventre est gonflé, son cou large est fréquemment chargé d'un goître ; ses extrémités sont grêles ou massives, sa démarche est mal assurée, son intelligence obtuse ou débile ; il ne fait entendre que des sons inarticulés ou balbutie seulement quelques mots ; il est enfin condamné à une perpétuelle enfance, sans avoir rien des grâces, du charme et de la naïveté de cet âge. Tout en lui inspire l'horreur et le dégoût. C'est le crétin ! Assis à la porte du chalet, de la chaumière, plongé dans une morne apathie, l'œil languissant et sans vie, il semble avoir été placé sur notre chemin comme les tombeaux qu'élevaient les anciens le long des voies pour nous rappeler la vanité de nos grandeurs, la misère de notre condition, en nous disant : Voilà jusqu'où peut tomber l'intelligence dont vous êtes si fiers !

Les crétins sont cantonnés en de certaines localités, et constituent pour quelques populations un véritable caractère ethnologique. Le crétinisme n'est point un accident isolé, reflet passager d'une cause morbide ; c'est le résultat et comme le produit du climat et du sol. Il y a des vallées qui donnent naissance au crétinisme, comme il y a des terrains marécageux qui engendrent les fièvres. L'intelligence, que cette maladie affecte profondément, n'est donc pas plus que le corps à l'abri des influences physiques ; elle s'abâtardit ou dégénère quand le milieu au sein duquel l'individu se développe altère les organes dont le jeu régulier lui est indispensable.

Alfred Maury

On fut longtemps sans pouvoir s'expliquer cette fatale action du climat et du sol, du régime et du genre de vie, sur le cerveau et le système nerveux. On ne vit à l'origine dans l'idiotie, la démence et le crétinisme, qu'un effet de ces impénétrables décrets de la Providence qui bouleversent nos idées de charité et de justice. On attribua ces affreuses infirmités tantôt à la colère céleste, tantôt à l'intervention d'êtres surnaturels et méchants. Quelques-uns même tinrent ces misères pour un bienfait, et tandis que les gens éclairés regardaient la perte de l'intelligence comme la dernière des calamités, les pauvres montagnards bénissaient comme une grâce d'en haut la naissance d'un crétin. En Orient, l'idiot, ainsi que le fou, est pris pour un saint, un inspiré, un favori de la Divinité. Les progrès de la médecine redressèrent ces idées. En découvrant les causes auxquelles sont dues les maladies de l'intelligence et les dégénérescences qu'elles amènent, la science constata que l'organisme jusque dans ses aberrations est soumis à des lois qui ne sont elles-mêmes que le résultat de celles qui entretiennent l'harmonie de l'univers. Les médecins étudièrent ces maladies comme on étudie les espèces en histoire naturelle ; ils classèrent les différentes catégories d'idiots et d'aliénés, en définirent les caractères et les rapporte respectifs ; ils recherchèrent à quel ordre de causes pathologiques se rattachent les altérations diverses de nos facultés, et reconnurent bientôt qu'on ne pouvait les séparer d'autres dégénérescences, dues comme elles à l'influence du climat, du sol, du régime, à l'absence de l'hygiène, à une démoralisation précoce ou profonde, à la transmission héréditaire d'un germe morbide.

Alors la question s'agrandit et se généralisa. Les plus graves problèmes d'anthropologie, de psychologie, d'économie sociale, se trouvèrent liés à l'étude en apparence circonscrite et spéciale du crétinisme et de l'aliénation mentale ; la pathologie des maladies de l'intelligence ouvrit des aperçus nouveaux à des sciences qui l'avaient trop longtemps dédaignée. C'est à ce point qu'a été amenée depuis peu l'étude des dégénérescences humaines, dont le traitement des idiots et des crétins n'est plus qu'un cas particulier. Les anomalies de l'organisation doivent trouver leur place dans l'histoire générale de l'humanité ; elles en composent sans doute l'une des plus tristes pages, mais cette page est la plus indispensable à méditer, et c'est en vue de cette méditation qu'on me permettra d'esquisser un rapide exposé de faits trop généralement ignorés, et dont on ne saurait cependant sans imprudence détourner les yeux.

Section I

L'homme a été créé d'après un type qui s'est perpétué depuis la plus haute antiquité à laquelle on puisse remonter. Ce type, constant dans ses caractères principaux, subit dans ses traits secondaires des modifications qui n'en changent point l'aspect général et ne lui ôtent pas la propriété de se transmettre par la génération. La variété de ces traits accessoires constitue la différence des races et celle des individus. Né en des lieux divers et dans des conditions variables, soumis à des genres de vie particuliers, l'homme tend toujours à mettre le jeu de ses fonctions en équilibre avec les circonstances physiques qui réagissent contre son économie, et pour cela il faut que certaines fonctions générales prédominent sur les autres. De là pour chaque individu un mode spécial de phénomènes physiologiques, mode qui se reflète dans la physionomie, les formes, le port et jusque dans les gestes : c'est ce qu'on désigne par le mot tempérament. Chaque homme a le sien ; mais à travers ces innombrables variétés de constitutions, on discerne quelques caractères communs qui servent à répartir les tempéraments en un petit nombre de classes. La production du tempérament n'est pas une dégénérescence, c'est-à-dire une déviation irrégulière et maladive, une décomposition du type normal, affaiblissant la vitalité de l'individu et de ses descendants. Sans doute la race peut prendre parfois le caractère d'un véritable abâtardissement, elle peut confiner à la dégénérescence ; mais elle s'en distingue profondément, parce que cet abâtardissement est compatible avec le jeu régulier des fonctions, tandis que la dégénérescence implique toujours une tendance à la maladie ou à la destruction.

L'homme est incessamment exposé à l'action contraire de causes extérieures ou de causes internes qui en sont le contre-coup ; mais sa force de conservation lui permet de réagir contre elles. Toutefois, si l'équilibre vient à être rompu, si la force vitale a le dessous, les causes de désorganisation et de mort minent ses organes et finissent par dévaster son économie. Ces causes sont-elles accidentelles ou passagères, il ne se produit qu'une désorganisation partielle et momentanée, et si le mal n'est pas trop violent et que la vitalité soit assez énergique pour soutenir la lutte, la perturbation trouve son terme, et l'individu recouvre la santé. Lorsque les causes, au lieu d'être fortuites ou inopinées, agissent d'une façon lente et continue, il se produit des altérations graduelles qui permettent encore aux fonctions de s'exercer, mais en dérangent incessamment la régularité, introduisent dans l'économie un trouble habituel qui a pour conséquence une véritable dégénérescence. Cette dégénérescence ne s'offre bien souvent qu'avec le caractère d'un mal chronique et invétéré, car on l'envisage d'ordinaire indépendamment des causes qui l'ont déterminée ; mais si on la rapproche des circonstances au milieu desquelles elle a pris naissance, on s'assure bientôt que loin d'être un accident, elle tient à des causes générales d'où dépend à certains égards l'existence de tous les êtres organisés.

Comme plusieurs de ces déviations maladives du type primordial ne portent en apparence que sur certaines parties du système osseux et musculaire, le cerveau et les nerfs, on ne sut pas de prime abord apprécier combien l'organisme s'était écarté du type normal. C'est la fréquence, la comparaison attentive de ces anomalies morbides ou semi-morbides, qui nous révèle la présence de causes perturbatrices profondes dont l'action peut se continuer ou s'étendre.

L'économie tout entière subit presque toujours l'influence d'un trouble persistant dans les fonctions principales ou d'un défaut prononcé dans la conformation des parties essentielles de notre corps. Si le cerveau et le système nerveux sont attaqués, le trouble finit par se transmettre à d'autres appareils de l'économie, et la dégénérescence se déclare. Est-ce au contraire une des fonctions animales que dérange ou altère la maladie, l'intelligence et la sensibilité en subissent à la longue l'influence déprimante. Le fait s'observe tous les jours dans l'aliénation mentale. D'un côté, le maniaque perd graduellement la locomotion ou la faculté de diriger librement ses mouvements ; d'autre part, la folie se manifeste à la suite d'une foule de désordres dans l'économie, de la dyspepsie ou difficulté de la digestion, des troubles de la menstruation, des embarras de la grossesse et de l'allaitement, enfin comme conséquence de certaines maladies qui tendent à affaiblir la force génératrice. Il existe aussi des altérations profondes du sang et des humeurs qui se traduisent en de véritables dégénérescences et ont pour conséquence d'installer un trouble continu dans nos fonctions et le jeu de notre organisme.

Pour classer les différentes maladies qui aboutissent à la dégradation de notre nature et détruisent en nous le principe mystérieux qui préserve le type à travers tant de perturbations accidentelles, il faut naturellement remonter aux causes qui les déterminent, distinguer et classer les diverses sortes d'action d'où peuvent résulter des écarts profonds et persistants de la nature.

L'homme foule tous les jours le sol sous ses pieds ; il aspire à chaque minute dans ses poumons une partie de l'air qui l'environne ; il est soumis à l'action de la sécheresse et de l'humidité, de la chaleur et de la lumière ; il absorbe des miasmes délétères, il est exposé au souffle de vents glacés ou énervants, et il porte sur toute la surface du corps le poids d'une atmosphère tour à tour lourde ou raréfiée. Ce sont là mille influences purement physiques qui modifient sans cesse son économie, en contrarient le jeu, altèrent ou affaiblissent les organes. On a ainsi une première catégorie de causes par lesquelles la dégénérescence peut se produire, les *causes physiques*.

L'homme n'est pas seulement livré à l'influence fatale des lieux et de l'atmosphère, il subit encore celle du genre de vie auquel sa condition le condamne, ou qu'il choisit de son plein gré : autrement dit, le régime a, comme le climat, un effet considérable sur son organisation. Nourriture, boissons, vêtements, occupation de tous les jours, sont autant d'éléments qui tendent à réagir contre les causes physiques, ou dont l'action se combine avec elles. De là pour les dégénérescences un second ordre de causes qui participent des lois générales de la nature et des effets de la volonté humaine. On peut les désigner sous le nom de *physico-morales* ou *mixtes*.

Mais la dégénérescence précède souvent chez l'individu l'action des causes physiques et des causes physico-morales. Dès sa naissance, l'homme peut présenter dans son type une altération profonde qui persiste en dépit du changement des milieux, ou bien il apporte le germe d'une déviation maladive qui se manifeste à une époque plus avancée de la vie. Dans le sein de la mère, l'évolution de l'embryon peut s'opérer dans des conditions défavorables, et l'être qui reçoit le jour offre alors dès le principe une organisation maladive, une anomalie dans les formes, tendant à altérer sa santé, à troubler ses fonctions, — ce que l'on appelle une monstruosité. On doit donc reconnaître une troisième classe de causes pour la dégénérescence, les causes *natives* ou *congénitales*.

Le moral exerce sur le physique une influence de tous les instants. Quelque maître qu'un homme se soit rendu de ses besoins, de ses passions, c'est-à-dire de son organisation corporelle, il demeure toujours soumis à la réaction de la matière sur l'esprit, réaction moins prononcée aux époques où la vie intellectuelle est la plus forte et la plus active, où les organes se trouvent dans un équilibre plus parfait. L'influence du moral sur le physique n'est pas moins constante que l'effet inverse ; l'économie subit constamment le contre-coup des pensées qui agitent l'esprit, des émotions, des chagrins auxquels nous sommes en proie. Si l'état de trouble et d'inquiétude où se trouve l'intelligence se continue et s'accroît, le cerveau, le système nerveux, ne tardent pas à réfléchir le mal moral qui nous consume ; nos sens se bouleversent, nos fonctions se dérangent, et tandis que notre intelligence s'abaisse par l'effet d'une trop grande dépression ou d'une extrême surexcitation, l'organisme perd à son tour la régularité de ses mouvements, les fonctions se dépravent, et l'homme se dégrade. Il y a conséquemment une quatrième et dernière classe de causes de dégénérescence, les *causes morales*.

On pense bien que cette division quadripartite n'a rien d'absolu. Ces quatre classes ne sont point séparées par des caractères nets et tranchés, et le plus grand nombre des dégénérescences est dû à l'action combinée de ces différentes causes ; mais, pour être compris et convenablement exposés, les faits ont besoin d'être soumis à une analyse qui sépare artificiellement ce que la nature a réuni. Vraie dans ses linéaments généraux, la classification adoptée ici ne peut que difficilement être appliquée dans le détail ; elle est plutôt destinée à faire concevoir les phénomènes physiologiques qu'à guider dans leurs recherches l'observateur et le praticien. Toutefois il est certaines dégénérescences dans lesquelles prédomine évidemment l'un des quatre ordres de causes, et qui deviennent alors en quelque sorte typiques. Je choisirai quelques-unes de ces dégénérescences pour faire comprendre ce qui se passe lorsque l'organisme se dégrade sous l'influence tranchée de l'une de ces causes, et caractériser le mode d'action qui lui est propre.

Il nous faut revenir ici sur le crétin, ce type d'une des dégénérescences les plus marquées de l'espèce humaine, et, après en avoir tracé à grands traits la triste image, l'étudier dans ses détails caractéristiques. Les crétins sont presque toujours des êtres d'une constitution scrofuleuse et rachitique. Quoiqu'on ne puisse se méprendre à leur vue et les confondre avec des individus simplement débiles ou maladifs, ils sont loin d'offrir une constitution uniforme et une apparence corporelle identique. Ainsi que l'a remarqué un savant aliéniste, M. Ferras, certains crétins ont la taille ramassée, les membres trapus, le cou gros et court, le crâne volumineux, la face aplatie ; d'autres se distinguent au contraire par l'élancement du tronc, la gracilité des membres, la longueur et la flexibilité du cou, les formes anguleuses du visage.

La distinction à établir entre les crétins ne tient pas seulement à cette différence dans leur conformation ; elle résulte aussi du caractère propre qu'un grand nombre de crétins présente. Tandis qu'il en est où l'on ne retrouve guère que le cachet ordinaire de l'idiotie empreint sur une constitution cachexique et scrofuleuse, d'autres offrent dans leur organisation, dans leur cerveau et leurs membres, un véritable arrêt de développement, ainsi que l'a remarqué le docteur Baillarger. Chez ces infortunés, l'évolution des organes n'a pu s'opérer qu'incomplètement, les formes générales du corps sont celles de très jeunes enfants ; la dentition est retardée, le pouls conserve la fréquence qu'il a dans le premier âge, la puberté n'est jamais apparue, ou n'a commencé que fort tard ; les inclinations, les goûts demeurent ceux de l'enfance même bien après l'âge adulte. Il existe une telle dépendance entre les organes et la forme revêtue par l'intelligence qu'il suffit d'un changement artificiel d'âge ou de sexe pour que l'esprit prenne immédiatement la tournure et les habitudes propres à l'âge ou au sexe auxquels on a en quelque sorte ramené les organes. On sait que chez les eunuques les tendances de la femme se manifestent du moment que les attributs de la virilité disparaissent. L'amour des petits enfants et le goût des chiffons ont été observés chez tous les eunuques ; leur physionomie est celle de vieilles femmes, de femmes qui ont perdu le charme de leur sexe sans en avoir jamais présenté ni l'attrait ni l'éclat. De même les crétins arrêtés dans leur développement demeurent, par une sorte de castration à laquelle les condamne la nature, de petits enfants à l'âge d'homme. Ils sont même au-dessous de l'enfance, car leur intelligence ne sait ni s'enrichir ni se fortifier : les uns sont des êtres muets, privés de raison comme de voix articulée ; d'autres peuvent proférer des sons intelligibles, parler même, mais leur langage trahit l'imbécillité de leur esprit. Il semble que, toute grossière qu'elle soit, cette faculté de penser ne s'exerce qu'avec peine et produise en eux une extrême fatigue, car, d'après l'observation d'un médecin italien, Maffei, plusieurs fois par jour, et comme périodiquement, leur intelligence tombe dans un état de torpeur, et tout acte mental est alors chez eux suspendu. Parvient-on à dresser quelques crétins, ceux dont l'intelligence est moins obtuse, à une occupation régulière et déterminée, ils ne s'en acquittent qu'automatiquement. Le moindre obstacle qui se présente, la moindre difficulté qu'ils rencontrent, suffit pour leur faire abandonner le travail ; jamais leur conception ne s'élève au-dessus du fait à l'accomplissement duquel ils ont été assujettis, et leur éducation rappelle à cet égard, d'une manière remarquable, celle que nous parvenons à donner aux animaux.

Le caractère endémique qu'offre incontestablement dans certains cantons le crétinisme a fait étudier avec attention le climat et la constitution géologique de ces localités, afin de saisir entre le climat, la constitution du sol et les altérations organiques d'où naît le crétinisme, une liaison qui pût faire connaître la cause du mal et les moyens d'y remédier. Cette étude a suggéré sur l'origine du crétinisme des opinions diverses, mais non inconciliables. Un prélat qui réside non loin d'un pays particulièrement infecté de cette maladie terrible, M. Billiet, archevêque de Chambéry, a remarqué que le crétinisme apparaît presque exclusivement sur les terrains d'argile et de gypse. Un médecin, M. Grange, qui a entrepris divers voyages pour étudier la cause de cette affection endémique, fut frappé de voir que partout où les terrains magnésiens prédominent et où l'iode manque, le goître et le crétinisme se manifestent ; dès que cette formation géognosique vient à disparaître, et que les terrains iodés la remplacent, les deux maladies ne se présentent plus. L'opinion de M. Grange se rapproche beaucoup de celle de M. Chatin. Aux yeux de ce chimiste exercé, du moment que l'iode n'est pas contenu en proportion suffisante dans l'air, les eaux potables et les plantes, le crétinisme et le goître commencent à sévir. D'autres observateurs ont confirmé le fait signalé par M. Chatin. Un savant russe, M. Kachine, qui a observé le crétinisme et le goître sur les bords de l'Ourof, affluent de l'Argoune, dans le district de Kertchinsk, adopte l'explication du chimiste français. Quoi qu'il en soit de l'incertitude qui peut régner encore sur la véritable modification du sol et de l'atmosphère en contact avec lui, d'où résultent les deux maladies, on est déjà assuré que c'est la géologie et la chimie minérale qui nous révéleront la cause du caractère endémique du crétinisme. Les lieux exercent, on le voit, une influence considérable sur le développement du cerveau et l'évolution des organes qui concourent avec ce viscère à la vie. On a constaté en Ecosse que les hautes terres (*Highlands*) donnent trois fois plus d'idiots que les basses. Cependant, s'il est certaines contrées, comme les vallées désolées par le crétinisme, qui dégradent leurs habitants, d'autres sont prédestinées à être peuplées par les hommes les plus intelligents et les plus beaux. Il est des cantons où l'existence ne se conserve qu'avec peine, et se débat contre des causes déprimantes et destructrices ; il en est d'autres où la vie fleurit dans tout son éclat, où notre espèce domine la nature et triomphe aisément de la maladie.

Entre les causes physico-morales, le régime et l'alimentation occupent certainement la plus grande place. Les substances solides ou liquides qui composent notre nourriture renouvellent sans cesse les parties de notre corps et transmettent à notre économie le mouvement et la force. Si ces aliments sont d'une nature contraire aux besoins de notre organisme, si la qualité en est mauvaise et la préparation malsaine, le corps ne tarde pas à ressentir l'effet de cette nourriture dangereuse ; l'économie se trouble, les fonctions se dérangent, et de là naît un mal qui ne fait que s'accroître avec l'usage de ces aliments. Que la nourriture fournie par les végétaux participe des altérations subies par ceux-ci sous des influences atmosphériques, et le mal se répand sur toute une population, la santé des individus s'ébranle, une véritable dégénérescence se produit. Des phénomènes de ce genre ont été plus d'une fois observés : l'emploi de la farine tirée du grain affecté de la maladie appelée *ergot* a engendré une épidémie terrible, l'*argotisme*, qui a frappé des familles entières et introduit chez certaines populations un principe de dégénérescence et de mort. L'empoisonnement lent dû à l'usage de la farine de blé ergoté non-seulement a produit des maladies aiguës et fait naître des symptômes graves d'intoxication, mais la nature tout entière de l'individu a été attaquée, les forces ont décliné, les fonctions digestives se sont dérangées, les sens se sont émoussés, la cécité même est apparue ; l'intelligence enfin a été atteinte, elle est tombée dans un incurable engourdissement ou une véritable aliénation.

Veut-on un exemple plus frappant des effets terribles que produit sur notre espèce une nourriture malsaine ou l'usage d'aliments empoisonnés par le sol ou l'atmosphère ? Étudions la pellagre. Cette maladie, connue seulement depuis le xviiie siècle, et qui sévit surtout en Espagne, dans le nord de l'Italie et dans la France méridionale, constitue une dégénérescence complète. Les fonctions essentielles sont bouleversées, le cerveau et tous les nerfs qui s'y rattachent profondément modifiés, la peau des poignets, des mains, des cous-de-pied et parfois même du visage se couvre de boutons. Une débilité profonde se manifeste, et l'intelligence est en proie à un affreux délire. Eh bien ! ce mal n'a le plus souvent d'autre origine que l'usage d'une farine extraite de céréales, et notamment de maïs, atteintes d'une altération particulière que les Italiens désignent sous le nom de *verderame* (vert-de-gris), et qui est due à la présence d'un champignon miscroscopique.

Les désordres portés dans notre économie, par une alimentation malsaine sont cependant moins graves que ceux qui proviennent de l'abus des narcotiques et des boissons enivrantes. On a dressé dans ces derniers temps des statistiques terribles qui montrent non-seulement combien l'ivrognerie, le goût de l'opium, l'usage immodéré du tabac engendrent de maladies, mais à quel point sont profondes et persistantes les altérations qui en résultent pour l'organisme. Ces altérations s'étendent sur la constitution de populations entières ; elles ébranlent les santés les meilleures et détruisent complètement les plus faibles.

Tous les voyageurs qui ont visité la Chine, l'archipel indien, nous signalent les effets désastreux de l'opium sur les habitants. L'intelligence des fumeurs d'opium tombe dans un hébétement d'où elle ne sort que pour devenir la proie d'un délire furieux. Les membres se décharnent, la physionomie prend un aspect général de dégradation et de misère morale. Mari, femme, enfants, sont successivement moissonnés par cette horrible passion, véritable contagion qui poursuit son influence abrutissante sur des générations successives. Le *hachisch* ou extrait de chanvre peut avoir des effets non moins funestes, et chez les Orientaux qui en abusent, il détermine à la longue un véritable état d'imbécillité. Sous l'empire de ce narcotique puissant, les sensations sont bouleversées, les facultés intellectuelles perverties, et les hallucinations les plus étranges, variables comme les rêves suivant la disposition de chaque individu, donnent tour à tour une félicité factice ou des souffrances imaginaires. Depuis la publication du curieux livre du docteur J. Moreau sur le *hachisch*, on a tenté bien des expériences pour se rendre compte de la nature du délire que ce narcotique produit. On s'est souvent amusé de la surexcitation nerveuse extraordinaire qu'il développe. Ce jeu est périlleux, et l'on fera bien de laisser au médecin l'administration du *hachisch*, dont l'emploi peut être utile comme médicament.

Je ne dirai rien du tabac ; on en a tour à tour beaucoup médit et parlé avec enthousiasme. Un spirituel critique, M. L. Peisse, s'est chargé de répondre aux détracteurs du tabac ; mais, en tenant compte des exagérations, il faut confesser cependant que l'abus de ce narcotique offre aussi ses très réels dangers. Il est loin d'être démontré que l'habitude de fumer ou de priser, dans des proportions modérées, soit en aucune façon préjudiciable à la santé ; mais, ainsi que le remarque le docteur Morel, le principe contenu dans le tabac, la nicotine, étant un des poisons les plus énergiques que l'on connaisse, on ne saurait nier que l'usage excessif de ce narcotique ne puisse avoir des dangers. Fumer est nuisible aux adultes qui n'ont pas atteint tout leur développement, et à plus forte raison aux enfants. Les jeunes fumeurs sont en général pâles et maigres, et les fonctions de la nutrition ne s'exercent pas chez eux dans la plénitude de leurs effets. Cela suffit pour nous montrer l'influence fatale que pourrait avoir sur la génération un goût trop précoce pour la pipe et le cigare, goût que la mode a produit, que l'oisiveté entretient, et que la régie se garde bien de combattre.

Arrêtons-nous davantage sur les conséquences de l'ivrognerie, qui sont plus profondes et plus visibles. L'abus des boissons alcooliques engendre une maladie particulière qu'on a désignée sous le nom d'*alcoolisme chronique*. Absorbé en proportions immodérées, l'alcool modifie d'une manière funeste les éléments constitutifs du sang et agit sur le système nerveux à la façon d'un principe intoxicant. Un tremblement agite les membres ; l'intelligence devient le jouet d'hallucinations dont les illusions de l'ivresse sont le premier symptôme [*delirium tremens*) ; elle s'affaiblit peu à peu et se déprave ; des paralysies partielles se déclarent et envahissent bientôt tout le système musculaire. Les diverses affections qui dérivent de l'excès des boissons alcooliques, de même que celles qui sont dues à une alimentation viciée, prennent, dans certaines régions de l'Europe, un caractère de généralité qui en fait de véritables maladies endémiques. Il est des pays où l'alcoolisme chronique sévit avec fureur, où l'eau-de-vie devient le mal dominant et presque exclusif. Un savant médecin suédois, M. Magnus Huss, a écrit sur cette maladie un livre curieux, mais attristant, bien fait pour nous inspirer l'horreur d'un vice dont la classe pauvre est surtout la victime. Toutes les maladies auxquelles l'ivrognerie donne naissance tendent à modifier d'une manière dangereuse notre économie et aboutissent presque toujours à la mort. L'alcool a une double action, l'une locale, qui se fait d'abord sentir et qui porte l'irritation dans l'organe digestif, l'autre, plus générale, qui trouble la nutrition, affaiblit la vitalité, les systèmes nerveux et circulatoire. Ainsi dévasté par l'ivrognerie, le corps devient une proie facile pour la mort, et tandis que chez le buveur la force procréatrice s'épuise, les causes de destruction se multiplient. On ne s'étonnera donc pas que dans certaines villes où l'ivrognerie est un vice à peu près universel la population décroisse avec une effrayante rapidité. M. Magnus Huss nous apprend qu'à Erkistuna, en Suède, l'une des villes où se consomme le plus d'eau-de-vie, il est mort annuellement, de 1848 à 1850, un individu sur 33, tandis que dans les provinces de la Suède où l'ivrognerie est moins invétérée, la statistique nous donne un décès sur 49 individus. Et la preuve que c'est ici l'alcool qui élève le chiffre de la mortalité, c'est que la proportion des décès est notablement plus considérable pour les hommes que pour les femmes. L'alcoolisme chronique est non-seulement un état pathologique, mais une cause permanente, active, de dégénérescence ;

il abâtardit la race, il exerce sur le type humain une influence qui frappe les yeux au premier aspect. Le système musculaire est chez le buveur dans un relâchement continu ; le corps est amaigri, la peau a pris une teinte gris jaunâtre ; elle est sèche et rugueuse, et l'épiderme s'écaille facilement ; le tissu graisseux et le tissu cellulaire deviennent le siège de modifications profondes et morbides, en sorte que le corps et l'esprit participent de la même dégradation.

L'idiotie congéniale et les monstruosités nous apparaissent comme les types les plus caractéristiques des dégénérescences natives. L'homme apporte souvent en naissant le principe de la dégradation qui doit l'atteindre à un certain âge. En vain il change de lieux, en vain il se conforme à un régime propre à maintenir sa santé ; le germe du mal subsiste toujours, et à un certain moment il se développe au détriment de l'intelligence et de l'économie. L'enfant était prédestiné à n'être qu'une créature imparfaite et abâtardie ; une crise se manifeste, et il est comme retranché de l'humanité.

Qu'au sein de la mère l'évolution de l'embryon ne s'opère pas suivant les lois normales, que la femme enceinte soit victime d'un accident, qu'elle contracte une maladie grave ou se trouve sous l'empire d'un trouble plus ou moins prolongé, l'enfant qu'elle mettra au monde gardera toute sa vie l'empreinte indélébile de la perturbation produite durant la grossesse. Bien qu'en opposition avec la marche ordinaire de la nature, la formation des monstres et des êtres imparfaits s'opère d'après certaines lois ; elle est dans une dépendance étroite et nécessaire du genre d'accident qui l'amène. C'est ce qu'a démontré M. Isidore Geoffroy Saint-Hilaire dans son excellente *Histoire des anomalies*. Les lois suivies par la nature jusque dans ses aberrations sont si fatales que l'on peut presque à volonté produire telle ou telle anomalie, en faisant varier à dessein les conditions défavorables où l'embryon se trouve placé. M. I. Geoffroy Saint-Hilaire a expérimenté cette loi pour les oiseaux, dont il troublait de diverses manières le développement pendant les premiers jours de l'incubation.

Le sein de la mère devient le siège de véritables métamorphoses d'autant plus complètes que la période intra-utérine est moins avancée. Les appareils, les organes sont, suivant les circonstances perturbatrices, retardés dans leur développement, ou développés d'une manière anomale et excessive ; c'est ainsi que le cerveau, les os du crâne se trouvent parfois dans l'impossibilité de prendre la forme et les dimensions nécessaires au jeu régulier de l'intelligence, que l'épine dorsale est arrêtée dans sa formation et sa croissance. L'enfant naît idiot, imbécile, hydrocéphale ou rachitique, et dès les premiers jours, dès les premiers mois de l'existence, il donne les signes de la dégénérescence qui doit l'atteindre. Une fois le cerveau et le système nerveux étiolés, contrariés dans leur action, troublés dans leurs relations mutuelles, des désordres souvent plus graves s'étendent à toute l'économie, et l'idiotie n'est alors que le premier symptôme d'une dégradation qui frappe le type humain tout entier. L'idiot au dernier degré végète et meurt prématurément. On a rapporté des cas d'idiotie dans lesquels les instincts les plus spontanés avaient même presque totalement disparu. La sensibilité physique n'existait plus, les muscles flasques et relâchés ne pouvaient soutenir le corps assis ou debout ; l'odorat, l'ouïe semblaient à peine développés, et l'individu n'avait pas même l'instinct commun à tous les animaux qui les porte à chercher leur nourriture et à choisir celle qui leur convient.

Pour être congéniale, une maladie, une anomalie n'a pas toujours besoin d'apparaître aux premiers moments de la vie ; il est des cas fréquens où l'idiotie ne se déclare qu'au bout de cinq ou six mois et même davantage ; jusque-là l'enfant n'annonçait rien qui fît présager l'horrible état auquel il était condamné. Le crétinisme ne se déclare généralement qu'à un certain âge qui ne dépasse jamais sept ans ; mais l'enfant qui doit en être atteint offre en naissant des signes qui ne trompent pas les gens de l'art.

À quoi tient cette apparition tardive de monstruosités dont le principe est communiqué avec la vie et ne résulte pas des circonstances premières où le nouveau-né a été placé ? C'est qu'après sa naissance l'homme est loin encore d'avoir atteint le terme de sa formation. Il se développe pendant toute l'enfance et la jeunesse ; il se décompose dès l'âge du retour, mais toujours en vertu d'un mouvement initial qui n'est autre que le don de la vie. Les cartilages et les os s'épaississent ; les viscères, les muscles, s'étendent, se fortifient avant d'arriver à une période de décroissance variable pour chaque individu. Chez l'enfant qui vient de naître, l'ossification du crâne n'est pas complète ; elle demande pour s'accomplir un certain temps ; Le cerveau a-t-il pris des dimensions exagérées, cette ossification est retardée. C'est ce que l'on observe chez les hydrocéphales. Les *fontanelles*[1] persistent plus longtemps, les sutures demeurent écartées, les os sont minces, transparents et quelquefois flexibles comme des cartilages. Le cerveau est-il au contraire atrophié, l'ossification du crâne est accélérée, ainsi

---

1 On nomme *fontanelles* les espaces membraneux que présentent les os du crâne des enfants avant une complète ossification. — Les *sutures* sont les articulations immobiles qui réunissent les os du crâne et de la face.

que l'a constaté le docteur Baillarger. Chez plusieurs idiots même, les fontanelles n'existent déjà plus à la naissance, et c'est là une des causes qui contribuent davantage à arrêter le développement de l'intelligence, car chez l'homme, et chez l'homme seul, le cerveau croît et se développe durant la vie. Selon l'anatomiste allemand Meckel, cinq mois après la naissance, le cerveau de l'enfant a presque doublé de poids ; ayant pesé d'abord 300 grammes, il en pèse alors environ 600. Aussi c'est chez l'homme seulement que l'on observe des fontanelles larges persistant pendant plusieurs années. Chez les singes, elles sont très petites et disparaissent au bout de peu de temps ; sur le crâne des autres animaux, c'est à peine si l'on en trouve quelques traces. Un fait curieux et dont on doit la constatation à M. Gratiolet, c'est que les nègres rappellent à cet égard les idiots et même les singes. Chez eux, l'ossification complète des sutures est beaucoup plus précoce que chez les blancs. Et tandis que certains hommes de notre race gardent pendant toute leur vie les pièces osseuses de la tête distinctes et simplement encastrées les unes dans les autres, les nègres et plusieurs races sauvages n'atteignent jamais la vieillesse avant que les sutures ne se soient totalement ossifiées. M. Gratiolet a même remarqué un ordre différent dans les oblitérations successives des sutures, en étudiant la tête des individus de race européenne, puis celle des sauvages et des nègres. Chez les nègres, le crâne se ferme d'abord dans sa partie antérieure ; chez les blancs, c'est la partie postérieure qui se soude la première. De là dans la marche de l'intelligence un phénomène très différent ; le nègre, comme l'idiot, comme les individus dégénérés, voit promptement le développement de ses facultés arrêté et comme emprisonné par l'enveloppe osseuse de la tête ; l'intelligence de certains blancs, au contraire, peut s'accroître pendant une période très longue de la vie, puisque les sutures ne s'ossifient souvent qu'à la vieillesse. M. Baillarger a rappelé qu'à l'autopsie de Pascal on avait reconnu que la suture frontale était demeurée ouverte pendant toute l'enfance, et n'avait pu se refermer à raison du prodigieux développement du cerveau ; il s'était formé un calus qui avait entièrement recouvert cette suture et que l'on sentait aisément au doigt.

Ce qu'on vient de lire achève de démontrer que la dégénérescence qu'on peut appeler congéniale n'est pas tant celle qui se manifeste à la naissance que l'arrêt de développement dont sont frappés les organes et l'appareil encéphalique en particulier, par suite d'un principe agissant dans l'organisme et qui est communiqué avec la vie. L'idiot, de même que le crétin et l'homme de race inférieure, atteint plus tôt que nous le terme de son évolution intellectuelle ; il est jusqu'à un certain point comme le chimpanzé et certaines grandes espèces de singes qui ne présentent toute leur intelligence que pendant la jeunesse, et deviennent stupides et apathiques dès qu'ils ont dépassé l'âge adulte. La vie même chez quelques idiots s'accomplit et s'épuise dans une plus courte période ; le crétin, par exemple, dépasse rarement quarante ans.

L'homme en naissant est conséquemment prédestiné à monter ou à descendre un nombre déterminé de degrés sur l'échelle de l'intelligence. Cette échelle est comme celle que Jacob voyait en songe, et le long de laquelle montaient et descendaient des anges ; mais de même qu'il y a certains échelons élevés que les esprits les mieux doués et les plus puissants ne sauraient dépasser, il y en a d'autres qui constituent la limite inférieure, dernier terme de la dégradation possible. Les monstruosités, les aberrations de la nature ont leurs bornes. Précisément parce qu'elles résultent de l'action de certaines causes qui tendent à déranger l'évolution régulière de l'individu, elles ne peuvent totalement effacer le type dont la persistance résiste pied à pied à l'action perturbatrice. Les anciens anatomistes, écrit M. I. Geoffroy Saint-Hilaire, paraissent n'avoir pas même soupçonné que les anomalies de l'organisation aient des limites, et à plus forte raison qu'elles soient réductibles à des lois certaines et précises ; c'est ce qui explique ce que l'on a rapporté de quelques monstres, fantastiques créations d'une imagination qui prêtait à la nature ses caprices et ses conceptions impossibles.

Il me reste à examiner, pour achever de passer en revue les diverses causes de dégénérescences, celles que j'ai appelées *morales*.

L'observation a démontré que si les lésions du physique produisent plus ordinairement le délire, l'aliénation mentale trouve son origine la plus fréquente dans un trouble profond du moral. Quelques statistiques dressées en France et en Angleterre, et dans lesquelles les cas de folie sont rangés par causes, ont mis le fait en évidence. Les passions et les vices, les préoccupations exclusives et les chagrins, toutes les affections profondes de l'âme en un mot, réagissent sur le cerveau et le système nerveux et peuvent y développer des altérations aboutissant à une dégénérescence physique et morale. Chez le fou, les idées ne sont pas seulement bouleversées ; à l'incohérence de la pensée s'associe une perversion plus ou moins étendue des sentiments. Des croyances chimériques, des opinions étranges provoquent des passions qui ne peuvent se contenir, et fatalement la surexcitation nerveuse imprime à tous nos sentiments une violence qui en fait des passions. L'intelligence n'est plus le siège d'opérations régulières qu'appelle la volonté et que coordonne le jugement, c'est l'instrument passif ou plutôt automatique d'une foule de pensées et de conceptions se produisant à la façon des rêves et se présentant avec une irrésistibilité qui enchaîne la volonté et finit par l'anéantir. C'est assurément le dernier terme de la dégénérescence morale, de l'abrutissement complet, puisque l'homme perd alors ce qu'il y a en lui de plus noble et de plus élevé. Quoique l'intelligence soit seule attaquée, le type physique ne peut échapper à la dégradation dont le moral est atteint. Le fou ne tarde pas à présenter dans ses traits, son regard, son aspect, ses mouvements, je ne sais quoi de désordonné et d'étrange qui produit sur notre esprit une impression pénible, qui peut même agir assez vivement pour troubler notre raison et nous communiquer la maladie mentale que nous avons trop souvent sous les yeux ; de là cette contagion de la folie plus d'une fois observée et dont le danger n'est pas un des moindres motifs qui nécessitent la séquestration des aliénés.

Ainsi, lorsque l'intelligence ne peut plus réagir contre les influences qui l'inquiètent et l'agitent, lorsque l'équilibre est rompu entre les passions et la raison, l'homme se dégrade au moral, puis au physique ; la folie paralytique et la démence sont le dernier terme de cette dégénérescence maladive.

Rarement les quatre ordres de causes que je viens de signaler agissent d'une manière isolée ; d'ordinaire elles se réunissent, elles se combinent dans des proportions diverses. Les écarts du régime et l'insalubrité des lieux déterminent une prédisposition maladive, un penchant à la dégénérescence qui participe du caractère physique et congénial. C'est ce qui a lieu pour le crétinisme. La pellagre se confond souvent avec certains genres de folie paralytique, et l'étude des aliénés a fait voir que c'est de préférence chez les individus qui apportent en naissant un germe de maladie nerveuse que les causes morales amènent la folie. Le crétinisme n'est parfois que de l'idiotie, et l'idiotie à son tour est le produit fréquent de maladies qui se développent sous des influences climatologiques et physico-morales. La folie aussi ne semble en bien des cas que le résultat d'une perturbation de l'économie chez des personnes déjà prédisposées à l'aliénation mentale. Certaines maladies aiguës ou chroniques, telles que la pneumonie, la fièvre typhoïde, les fièvres intermittentes, les affections organiques du cœur, entraînent à leur suite, chez des individus d'une constitution intellectuelle délicate, un délire plus ou moins prolongé. En un mot, tous les troubles de l'organisme sont dans une étroite relation, et dès qu'une cause pousse l'homme sur la pente de la dégénérescence, les autres causes agissent pour accélérer sa chute.

Section II

Ces causes de dégénérescence, qu'on vient de voir réparties en quatre classes, n'interviennent pas toujours d'une manière directe, en altérant notre économie et portant le trouble dans nos fonctions ; les effets qui en résultent se prolongent bien au-delà de la vie des individus, ou, pour parler avec les médecins, ils sont non-seulement actuels, mais encore consécutifs. Le principe de la dégénérescence se transmet héréditairement, et s'aggrave ou s'atténue suivant que ceux qui le reçoivent sont placés dans des conditions propres à en arrêter ou à en développer les effets. De là la possibilité pour notre espèce d'une dégénérescence progressive et continue.

La médecine contemporaine a reconnu que l'hérédité physiologique et pathologique est un fait beaucoup plus général et plus é tendu qu'on ne l'avait d'abord supposé. Les statistiques ont démontré la transmission héréditaire d'une foule d'affections chez ceux qui n'ont pas pris un soin particulier et de tous les jours pour en arrêter le germe : la phthisie, la goutte, le cancer, passent des parents aux enfants, et tout donne à penser que, si l'on tenait un registre plus exact des maladies dont chaque individu est atteint, on constaterait bien des transmissions maladives qui ne sautent point encore aux yeux. Le fait de l'hérédité nous est en outre révélé par l'apparition chez plusieurs générations successives de certaines anomalies dans l'organisation. C'est ainsi que l'on a vu chez divers individus d'une même famille, issus les uns des autres, la main présenter six doigts, le corps offrir certaines difformités particulières ou même de légers signes de la peau, comme le pois chiche (*cirer*) que Cicéron tenait de son père, et qui lui valut son surnom. Mais ce sont avant tout les maladies du cerveau et du système nerveux qui présentent ce caractère de transmissibilité. Les statistiques sont à cet égard d'une triste éloquence : la grande majorité des aliénés, des idiots, des épileptiques, des individus affectés de ce dérèglement des mouvements qu'on appelle chorée, descendent de personnes qui avaient eu de semblables maladies ou chez lesquelles le système nerveux était profondément altéré. L'hérédité a aussi été reconnue pour la pellagre, maladie qui se transmet surtout par la mère en suivant le sexe féminin ; la surdi-mutité provient le plus souvent de la constitution scorbutique des parents, et le docteur Allibert a remarqué que la cécité de naissance apparaît parfois chez les enfants de personnes affectées d'une extrême myopie.

Cette hérédité des maladies du cerveau et des organes de la sensation se rattache du reste à un fait plus général, la transmission plus ou moins complète de la constitution intellectuelle, liée elle-même à celle de l'encéphale. Il y a longtemps qu'on a observé chez les enfants la tournure d'esprit, le caractère, les penchants, les goûts et même les manies et les tics de leurs parents. Chacun présente, associés dans des proportions variables, les éléments du caractère de son père et de sa mère, de même que dans notre visage on discerne presque toujours les traits des auteurs de nos jours ; ordinairement c'est la physionomie de l'un qui prédomine, mais il est rare qu'on ne découvre pas, même chez l'enfant qui ressemble le plus à l'un de ses ascendants, quelques détails empruntés à la figure de l'autre, et de là, soit dit en passant, la diversité des impressions que fait sur autrui la vue d'un enfant où tel reconnaît la physionomie du père, tandis que tel autre y retrouve les traits de la mère.

Cette hérédité n'est donc pas la transmission intégrale et absolue d'un certain patrimoine physiologique. Les parents atteints d'une maladie ne la lèguent pas nécessairement à tous leurs enfants. Le mal, en passant d'une génération à l'autre, ne fait pas seulement que s'accroître ou s'atténuer ; il se modifie et se transforme. Comme les maladies ne constituent pas des types définis et arrêtés, qu'elles se lient les unes aux autres et varient dans leurs symptômes, suivant les milieux au sein desquels elles se développent, l'héritage d'une affection morbide ne saurait passer des ascendants aux enfants en conservant toujours le même caractère et donnant lieu aux mêmes phénomènes. Ce dont on hérite, c'est un principe de maladie et de dégénérescence, et comme un canevas sur lequel le temps étendra d'autres fils que ceux dont l'existence des parents a été tissue.

Un père, une mère atteints d'aliénation mentale donneront naissance soit à un fou, soit à un épileptique, soit à un paralytique, en un mot à un individu condamné à l'une de ces affections qui semblent n'être que des métamorphoses d'un même principe morbifique, et réciproquement l'une de ces affections pourra, dans la génération suivante, engendrer la folie. Ainsi que l'a remarqué le docteur J. Moreau dans son intéressant ouvrage sur *la Psychologie morbide*, c'est l'ignorance du véritable caractère de l'hérédité pathologique qui en a fait souvent contester l'existence. « Ayant toujours la loi des ressemblances devant les yeux et ne voyant dans l'hérédité que la transmission des ascendants aux descendants de faits organiques constamment semblables à eux-mêmes, l'on n'a eu le plus souvent, écrit ce savant médecin, à constater que des résultats opposés à ceux que l'on cherchait : c'est ainsi que l'on a vu des hommes doués des plus éminentes qualités de l'esprit et du cœur donner le jour à des enfants imbéciles ou presque complètement dénués du sens moral. » Mais ces antinomies apparentes disparaissent lorsqu'au lieu de s'en prendre aux phénomènes extérieurs, on interroge les conditions mêmes de la vie et que l'on cherche le véritable état physiologique qui a donné naissance à des effets au premier abord opposés. La folie, l'idiotie, c'est-à-dire ce qui est l'expression des plus graves perturbations de la vie morale, contiennent en puissance les qualités intellectuelles les plus transcendantes. L'hérédité, entendue dans son véritable sens, implique la transmission des forces nerveuses ou vitales d'où les qualités morales tirent leur énergie et leurs aberrations.

Le docteur P. Lucas, qui a écrit sur l'hérédité naturelle un traité complet dont on ne saurait trop recommander la lecture, observe que la métamorphose des maladies héréditaires est d'une double nature. Tantôt elle ne s'offre que comme une simple transmutation des formes d'une même maladie, tantôt elle constitue une transformation de l'espèce morbide même. Dans le premier cas, qui se rencontre surtout pour les maladies du système nerveux, l'enfant hérite de la névropathie d'un de ses parents ; dans le second, les ascendants atteints déjà d'un mal profond transmettent à leur progéniture une débilité corporelle qui ouvre la porte à une foule de maux. Et qu'on ne croie pas que, pour être transmis, le mal chez les parents doive toujours être invétéré et profond. Qu'un accident, une maladie passagère ait frappé les auteurs de nos jours peu avant le moment où ils nous transmettaient le germe de la vie, à ce moment même, et nous hériterons des imperfections et des troubles auxquels ils avaient été passagèrement soumis. Hésiode l'avait déjà observé quand, dans son poème des *Travaux et des Jours*, il recommande de s'abstenir des plaisirs de l'amour au retour des cérémonies funèbres, de crainte de transmettre à l'enfant l'impression de mélancolie qu'elles laissent au fond de l'âme. Une foule de physiologistes ont reconnu que les enfants conçus dans l'ivresse présentent une intelligence lourde et hébétée. Des faits de ce genre ont été aussi notés pour les animaux. Les vétérinaires savent que les défauts que font naître chez les chevaux des blessures ou des coups passent souvent aux membres de leurs poulains. Une semblable transmission de difformités résultant d'accidents n'est pas rare dans notre espèce, et M. Lucas en cite différents cas.

Quant à ce qu'on pourrait appeler les monstruosités morales, les perversités précoces, les penchants instinctifs, irrésistibles, au vol, au meurtre, au suicide, qui se manifestent parfois chez de très jeunes enfants auxquels on avait pourtant inculqué d'excellents principes, monstruosités dont l'ouvrage de M. J. Moreau et les *Annales médico-psychologiques* nous fournissent de nombreux exemples, il faut en chercher le plus souvent la source dans l'état de désordre moral où se trouvaient les parents quand ils ont engendré ces êtres déchus. En effet, un abattement de l'esprit, une fatigue continue du corps, un trouble cérébral même momentané, peuvent suffire pour amener la perversion de nos sentiments et nous conduire aux actes les plus contraires à notre nature et à notre éducation. C'est ce que nous démontrent la *calenture* et ce que les matelots anglais appellent *the horrors*, transports subits qui parfois, sans délire préalable, s'emparent de marins ou de soldats exposés à l'ardeur extrême du soleil ou placés dans un réduit trop fortement chauffé par un poêle, les poussent à se donner la mort, à se précipiter dans les flots. Conçus sous l'empire de ces désordres passagers, les enfants naissent avec des instincts criminels, vrais types de dégénérescence morale.

Mais, dira-t-on, pourquoi tant d'irrégularité dans l'héritage ? Pourquoi voit-on tantôt la transmission s'opérer dans un enfant ou chez plusieurs, tantôt l'héritage légué comme par voie de substitution, et la folie notamment sauter une génération ? Ces irrégularités ne sont qu'apparentes ; elles tiennent au jeu complexe d'une foule de phénomènes dont nous n'avons pu encore suivre la marche et découvrir les lois. On a, il est vrai, récemment tenté de percer les ténèbres de la conception ; mais les observations sont encore trop imparfaites pour qu'on soit assuré des résultats. Un médecin, M. Lhéritier, a proposé des vues ingénieuses, fondées sur une étude attentive d'un assez grand nombre défaits. Suivant ce physiologiste, il faut, pour saisir les lois de la transmission, distinguer les organes en trois classes, à savoir : les organes locomoteurs, ceux de la nutrition, et l'appareil nerveux central. Celui-ci se subdivise à son tour en deux parties : l'une antérieure, qui comprend le cerveau et le cordon antérieur de la moelle épinière, l'autre postérieure, embrassant le cervelet et le cordon postérieur de la moelle. Ces deux subdivisions des organes de la troisième classe se lient respectivement aux deux premières ; l'appareil locomoteur est dans une dépendance directe de la partie postérieure du système nerveux central, et l'appareil nutritif dans la dépendance de la partie antérieure de ce même système.

C'est sur cette connexion que reposent, selon M. Lhéritier, les lois de la ressemblance, c'est-à-dire le mode suivant lequel tel ou tel ascendant transmet à sa progéniture telle ou telle série distincte d'organes. Y a-t-il équilibre entre parents de la même variété, l'un des deux transmet indifféremment l'une ou l'autre des deux séries organiques. Si les parents sont de variétés différentes, le père donne toujours la série postérieure, c'est-à-dire le cervelet et les organes locomoteurs ; la mère, au contraire, donne constamment la série antérieure, c'est-à-dire les sens et le système nutritif. Ces lois, le médecin français les déduit des faits reconnus dans le croisement des animaux, et il croit les retrouver dans l'homme. Avertis des principes posés par M. Lhéritier, c'est au public, aux physiologistes, de les vérifier ou de les infirmer. Je n'ai point d'ailleurs à traiter ici de l'hérédité physiologique proprement dite ; ce qui me préoccupe, c'est la question des dégénérescences, et par conséquent la transmission des maladies. Le docteur P. Lucas remarque qu'une maladie peut être transmise sous trois formes, autrement dit, à trois degrés différents de développement : d'abord comme simple aptitude idiosyncrasique, c'est-à-dire comme une disposition organique à laquelle il ne faut que des circonstances favorables pour se traduire en une maladie caractérisée ; puis comme état rudimentaire, c'est-à-dire sous une forme latente, en germe. Ici la disposition maladive tend à un développement déterminé. Le germe morbide renferme en lui une force spontanée qui donnera naissance au mal, si elle n'est combattue. Enfin la maladie même peut passer des parents aux enfants, avec son cortège propre de formes, de symptômes et de lésions. Et dans ce dernier cas on doit dire que la dégénérescence est fatale ; dans le second, on peut encore en éviter, en arrêter le développement. Dans le premier, elle ne se produira que si l'on s'entoure des circonstances propres à la faire naître.

Qu'on se reporte maintenant aux quatre grandes classes de causes qui amènent la dégénérescence, qu'on les envisage dans leur transmission héréditaire, et l'on reconnaîtra quel vaste réseau d'actions morbides tendent à nous faire dévier de l'organisme normal. Telle cause physique ou physico-morale devient pour le descendant de l'individu qui y a été soumis une cause morale ou congéniale. L'influence des lieux et l'insalubrité du régime ont-elles altéré et déjà dégradé la constitution d'un individu, l'enfant auquel il donne le jour en subira l'influence, même transporté en d'autres climats et soumis à un genre de vie différent. Des idiots naissent ainsi de parents qui ont longtemps vécu dans des cantons où règne le crétinisme. Nombre de fous et d'imbéciles ont eu pour pères des ivrognes. Un père et une mère atteints, bien qu'à un faible degré, d'une de ces maladies qui épuisent l'organisme et dévastent l'économie, auront pour enfants des êtres frappés d'un mal plus profond ou d'une infirmité plus incurable. Ces tristes vérités font mieux comprendre le danger des alliances entre personnes de constitutions maladives analogues, ou même de tempéraments identiques, car les tempéraments sont comme les formes de gouvernement, ils succombent par l'exagération de leur principe, et cependant ils sont fatalement entraînés à cette exagération. Chaque tempérament porte donc en soi le germe de sa destruction, et si deux tempéraments semblables se trouvent associés, ces germes s'ajoutent chez l'enfant.

Les dangers des unions entre personnes du même sang et de même famille ont été signalés par plusieurs médecins, MM. Morel, Burdel et F. Devay. Les statistiques en mains, ces observateurs montrent combien d'êtres dégénérés naissent d'unions contractées entre parents, entre personnes atteintes d'un même principe morbifique. Il est bon de rappeler ici leurs éloquentes plaintes ; puissent-elles monter jusqu'à ceux qui oublient que dans les mariages la vraie convenance est l'harmonie des constitutions, et la fortune la plus sûre la santé des enfants à naître !

La dégénérescence trouve ses bornes dans son excès même. L'individu arrivé au dernier terme de l'abâtardissement, comme certains crétins, ou affecté de la plus énorme, de la plus complète des monstruosités, est frappé de stérilité. Au bout d'un certain nombre de générations, les familles de crétineux, de phthisiques, d'aliénés, d'idiots, s'éteignent, et selon que la dégénérescence est plus ou moins profonde, il faut plus ou moins de temps pour que l'humanité soit purgée de ceux qui n'y propagent que la misère physique et morale. Ces familles atteintes de dégénérescence sont comme les races sauvages et dégradées auxquelles la Providence paraît n'avoir assigné qu'une durée limitée, et qui disparaissent peu a peu devant les progrès de la civilisation. De même que c'est par le croisement des races qu'on peut arracher les descendants de ces tribus dégénérées à la destruction qui les menace, c'est par les unions physiquement bien assorties, par le balancement des tempéraments contraires, qu'on peut relever les générations de la déchéance à laquelle les expose l'héritage de leurs pères.

Section III

Les causes de dégénérescence une fois assignées et définies, leur origine reconnue, se pose naturellement une question : tendent-elles à s'accroître ou à diminuer, et la civilisation a-t-elle pour effet d'affaiblir l'organisme, de favoriser l'abâtardissement ? Pour répondre à cette demande, il faut reprendre chacune des causes que nous avons déjà énoncées et rechercher si elles sont en voie d'extension ou de décroissance.

D'abord, pour ne parler que des lieux et du régime, il est évident que les causes de dégénérescence tendent à diminuer. Les marais sont desséchés, les terres mises en culture, les habitations aérées, l'insalubrité des alimens corrigée, les vêtements mieux conditionnés et les lois de l'hygiène plus généralement observées. Aussi la pellagre, le crétinisme, comme les fièvres endémiques, perdent-ils tous les jours du terrain et ont-ils en certains cantons presque complètement disparu.

Tandis que les moyens préventifs sont mis en usage, la science et la charité ont élevé des asiles consacrés au traitement des malheureux atteints d'un mal que l'on n'a pu encore réussir à extirper. Les idiots ont été l'objet d'une sollicitude toute particulière, et sans leur rendre l'intelligence, on est parvenu cependant à tirer de leurs facultés imparfaites un parti qui permet de les rendre à la société. Les moins stupides ont pu recevoir une sorte d'éducation.[2] M. Niepce, dans un ouvrage sur le crétinisme, cite plusieurs exemples d'invasion de ce mal arrêté à son début. On a fondé en vue de son traitement des établissements spéciaux. Un médecin distingué, M. Guggenbuhl, dirige avec succès à l'Abendberg, en Suisse, un de ces hospices. Le concours de moyens physiques et moraux employés avec intelligence a relevé quelques-uns de ces infortunes d'une dégradation qui semblait incurable. Les causes physiques et les causes mixtes, si elles ne sauraient être complètement effacées, trouvent donc dans les progrès de la raison et de la science un remède de plus en plus efficace. Cependant le progrès est loin de se faire sur toute la ligne, et tandis que le plus grand nombre s'avance d'un pas assuré vers un état de choses meilleur, quelques-uns rétrogradent et trouvent dans les conditions nouvelles une cause d'abrutissement. L'ivrognerie, l'abus de l'opium et des narcotiques tendent à s'accroître en différents pays, en Suède notamment pour le premier de ces vices, dans la Chine pour le se-

---

2 Voyez l'étude de M. Alphonse Esquiros dans la *Revue* du 15 avril 1847.

cond. Le grand problème du paupérisme est intimement lié d'ailleurs à la question de la dégénérescence ; les statistiques publiées en Angleterre prouvent que la misère est l'une des sources principales de l'aliénation mentale, et que là où elle diminue, cette maladie se présente moins fréquemment. L'hygiène elle-même, que l'on observe plus volontiers chez les classes éclairées, souffre encore à beaucoup d'égards du système des manufactures. Il suffit de se rendre dans nos premières cités industrielles pour se convaincre que l'agglomération des individus soumis à des occupations sédentaires exerce sur leur constitution physique et morale les plus fâcheux effets. La population ouvrière de Lyon, de Lille, de Saint-Étienne, comme celle de Manchester et de Birmingham, présente un cachet d'abâtardissement qui n'échappe pas à l'observateur le plus superficiel. L'homme vit là comme dans une serre chaude, mais une serre dont l'air est malsain et l'aménagement vicieux. M. I. Geoffroy Saint-Hilaire a remarqué que les œufs couvés artificiellement donnent fréquemment naissance à des poussins mal conformés ; dans la vie industrielle, l'intérêt du manufacturier qui veut accélérer la production fait couver en quelque sorte artificiellement l'humaine activité : de là des monstruosités morales et physiques plus fréquentes. Et puis cette vie des manufactures traîne à sa suite une foule de vices et de désordres qui deviennent une cause encore plus funeste de dégradation. Un des effets de notre civilisation, c'est le développement excessif de certaines facultés. Pour être salutaire, l'exercice des organes a besoin d'être harmonique et pondéré. S'exagère-t-elle, l'activité passe à la surexcitation, et cette surexcitation fait rentrer par la voie des causes morales les maladies qu'on avait chassées par celle des causes physiques. Le propre de l'excitation nerveuse, c'est de faire chercher à celui qui en est atteint des moyens nouveaux de l'entretenir et de l'accroître. On court après les émotions, et l'on ne trouve de plaisir que dans ce qui accroît l'incendie intérieur qui nous consume. Si la misère est évitée, et avec elle tout le triste cortège de maux qu'elle entraîne, les excès et la recherche démesurée des richesses ramènent sous une autre forme les maux dont on se croyait à l'abri. Les médecins dont j'ai parlé dans cette étude ont constaté le danger de cette vie surmenée qui rompt l'équilibre des fonctions et produit la faiblesse par l'exagération même du travail.

On discute beaucoup dans le monde médical sur la question de savoir si la folie tend ou non à devenir plus fréquente. La divergence d'opinions tient à ce qu'on se place tour à tour à des points de vue divers. Les formes de l'aliénation mentale changent avec l'état social et dépendent des idées qui préoccupent les esprits ; les dégénérescences se produisent dans une direction déterminée par la nature du vice dont la société est infectée. Les organisations faibles, pour employer une expression médicale, se trouvent toujours dans une sorte de diathèse qui les fait succomber dès qu'elles ont à souffrir d'une perturbation physique ou morale, et la forme du dérangement de l'esprit ou du trouble de l'économie reflète la nature de cette perturbation. Ce qui est ici l'effet de la misère, des mauvaises conditions de l'alimentation, de l'exaltation des croyances religieuses, est déterminé ailleurs par les anxiétés et les chagrins domestiques, les revers de fortune, les agitations politiques, l'ambition déçue et la trop constante application à un projet ou à une idée. Ainsi peu importe le genre de trouble qui de l'intelligence réagit sur l'économie, ou de l'économie sur l'intelligence ; la propension à la maladie, voilà la véritable cause des dégénérescences du corps et de l'esprit, et cette propension, cette aptitude, elle est le produit composé d'influences continues, dues aux diverses causes ci-dessus examinées et transmises par la génération. Pour la combattre, il faut sans cesse réagir contre ces mêmes causes et choisir pour chaque individu un genre de vie et d'habitation qui en neutralise les effets. À ces conditions, des organisations nées faibles ou qu'ont épuisées de longs écarts du régime physique et moral commandé par leur constitution particulière se fortifient et remontent les degrés d'une échelle d'où une commotion subite, des perturbations continues les précipiteraient infailliblement. C'est dans ce développement harmonique que réside la vraie civilisation, et tant que nos efforts n'aboutiront pas à régler sur tous les points les mouvements sociaux et à équilibrer pour chaque individu le jeu des fonctions et des facultés, on perdra souvent d'un côté le terrain qu'on aura gagné de l'autre.

Il ne faudrait pas s'exagérer le danger que font courir à l'humanité certains écarts qui se sont jusqu'à présent montrés inséparables du progrès. La société a en elle, comme la constitution des individus, un instinct de conservation qui l'amène à son insu à rétablir l'équilibre menacé ; les remèdes à la dégénérescence se présentent d'eux-mêmes, et le sentiment du mal dont nous souffrons nous suggère des moyens de le combattre, sans avoir d'abord conscience de l'efficacité de nos expédients. « Ce qu'il y a de plus remarquable dans les lois qui gouvernent toutes choses, écrit Cabanis, c'est qu'étant susceptibles d'altération, elles ne le sont pourtant que jusqu'à un certain point ; le désordre ne peut jamais passer certaines bornes, qui paraissent avoir été fixées par la nature elle-même ; il semble porter toujours en soi les principes du retour vers l'ordre ou de la reproduction des phénomènes conservateurs. »

Les causes de dégénérescence non-seulement disparaissent par les progrès de la science et de la raison, mais elles émoussent sur nous leurs effets par l'habitude ; elles n'agissent pas constamment avec le même degré d'intensité. Les efforts que fait la nature pour adapter la constitution des individus au climat dans lequel ils sont destinés à vivre amènent chez eux une aptitude spéciale désignée sous le nom d'acclimatation. Or l'acclimatation s'observe aussi, remarque le docteur Morel, chez les individus soumis à tel ou tel genre de vie en soi-même insalubre, voués par état à telle ou telle industrie. On a constaté que l'hygiène des uns ne peut être suivie impunément par les autres, et que les ouvriers adaptés organiquement pat un effet de l'habitude à une industrie ne sauraient se livrer sans danger à une autre industrie, quand même celle-ci serait moins nuisible à la race en général.

Les variations continuelles de milieux, d'occupations et d'idées que produit notre état social, si complexe dans ses rouages, si mobile dans ses mouvements, sont un puissant antidote contre les dangers de ces actions constantes et répétées qui font dévier notre espèce du type parfait de beauté et de santé pour lequel elle a été créée. L'établissement des chemins de fer, la facilité des communications permettent de fréquents changements de lieux qui exercent sur notre économie la plus salutaire influence. Les climats engendrent par leurs effets excessifs des maladies qui ne trouvent leurs remèdes que sous des climats contraires. À mesure que nos cités deviennent des agglomérations plus populeuses et des foyers plus puissants d'infection et de démoralisation, on sent davantage la nécessité de les assainir, et le goût des champs se développe davantage chez ceux qui habitent les villes ; une foule de gens vont chercher pendant quelques mois à la campagne un air plus pur et une vie plus calme.

Jadis bien des professions étaient héréditaires dans les familles ; aujourd'hui la mobilité des positions sociales fait sans cesse embrasser aux enfans des occupations différentes de celles de leurs pères. C'est là un heureux changement, car il produit une sorte de croisement intellectuel qui empêche la prépondérance exagérée de certaines facultés. Chaque profession exerce une influence propre sur l'économie ; elle tend à fatiguer tel ou tel organe, elle réagit sur telle ou telle de nos fonctions : d'où il suit que les individus qui exercent, de père en fils le même métier, le même état, sont de plus en plus exposés à la maladie que cet état engendre. C'est ce qu'on a observé chez les castes hindoues. Le champ intellectuel est comme un terrain labourable : il a besoin d'être assolé ; il s'épuiserait à la longue par une même culture, ce que produirait la continuité indéfinie des mêmes occupation.

On voit donc que tout ce qui tient à la santé publique est en voie de progrès. La propagation de l'instruction, quelque lente qu'elle paraisse d'ailleurs, est cependant constante ; la richesse intellectuelle s'augmente, et, une fois augmentée, se transmet aux générations suivantes, car l'éducation et la souplesse de l'esprit sont des bienfaits qui s'étendent d'eux-mêmes des ascendants aux descendants, non pas seulement parce qu'elles assurent dans la famille à l'enfant des soins plus assidus pour le développement de son intelligence, mais encore par suite d'une transmission physiologique toute semblable à celle de la constitution organique et des formes du corps. Les facultés acquises par les parents passent chez leurs enfants par le seul acte de la génération, et s'y manifestent spontanément. On a déjà plus d'une fois remarqué que les sauvages, transportés même dès leurs plus jeunes ans au sein de notre civilisation, se plient difficilement à ses mœurs et à ses idées, et ne montrent pas pour nos sciences autant d'aptitude que les enfants des Européens. Nos formes sociales leur pèsent comme un joug auquel ils essaient de se soustraire, et l'on a cité plusieurs exemples de jeunes Australiens élevés dans la colonie de la Nouvelle-Galles, et que l'instinct avait ramenés dans le désert. Les Anglais ont été frappés, dans les écoles de l'Hindoustan, de la différence marquée de dispositions qu'offrent les enfants des brahmanes et ceux des castes inférieures. Tandis que les premiers, issus de familles où l'intelligence est cultivée depuis un temps immémorial, apprennent avec facilité, les seconds profitent à peine de l'enseignement des Européens.

Des faits analogues ont été remarqués pour les animaux domestiques. Dès la naissance, ils se distinguent des animaux de leur espèce demeurés sauvages ; ils présentent sous forme d'instincts les aptitudes qu'une éducation attentive avait inculquées à leurs ascendants. Leur docilité est ainsi le fait d'une transmission héréditaire. On ne dresse qu'à grand'peine les chevaux nés dans des haras libres, et même après avoir été assouplis, ils conservent un levain persistant d'indocilité. Ce n'est pas seulement l'éducation donnée par l'homme qui perfectionne l'intelligence de certaines races animales ; les facultés que la bête acquiert par le genre de vie qu'elle mène se transmettent héréditairement aux petits qu'elle engendre. Un fin observateur des animaux, George Leroy, a noté que, dans les lieux où l'on fait une guerre active aux renards, les renardeaux, avant d'avoir pu acquérir aucune expérience, se montrent dès leur première sortie du terrier plus précautionnés, plus rusés, plus défiants que ne le sont les vieux renards dans les cantons où on ne leur tend pas de pièges.

Ces faits, soit dit en passant, prouvent que les animaux ne sont pas aussi stationnaires qu'on le répète souvent, qu'il y a pour eux une sorte de civilisation et un progrès qu'on n'a pas assez constatés. Rien n'établit que les animaux domestiques des peuples sauvages soient aussi intelligents que ceux qui vivent près des hommes les plus civilisés. Il peut y avoir une sorte de perfectibilité chez l'animal comme chez les races humaines inférieures ou abâtardies ; mais de même que pour ces races le mouvement ascensionnel est extrêmement lent tant que l'homme civilisé ne se fait pas leur éducateur, l'animal ne s'élève qu'à des actes fort restreints d'intelligence tant qu'il n'est pas placé dans la domesticité.

L'hérédité assure donc aux générations futures l'aptitude intellectuelle que nous avons acquise comme les fruits de notre travail et de notre expérience. Le fonds de santé, de vertu et de beauté amassé par nous peut passer à nos descendants et s'accroître encore entre leurs mains, s'ils savent l'exploiter avec économie. Nous marchons toujours, il est vrai, sur le bord du précipice ; mais la dégénérescence morale et physique est un moindre danger pour l'humanité, quand ceux qui l'ont pour ainsi dire en leur pouvoir prennent le soin de détourner de la tête de leurs enfants les effets désastreux qu'elle ne manquerait pas d'avoir par suite de leur imprévoyance et de leur égoïsme. Noblesse ou déchéance, tels sont les deux termes entre lesquels oscille l'humanité. L'oscillation continuera encore longtemps ; mais, contrairement aux lois du pendule, tandis que la moitié ascendante de la trajectoire s'allonge tous les jours, l'autre moitié se raccourcit. Ne calomnions donc pas la civilisation ; elle nous a déjà sauvés de bien des causes de dégénérescence et de misère : la science, qui est par excellence son fruit, nous révèle peu à peu les conditions nécessaires pour éviter les effets de celles qui subsistent encore ; elle nous montre sur quelles pentes l'homme roule jusqu'à la dégradation, quels sommets il peut atteindre à force de sagesse et de persévérance ; elle fait luire à notre horizon un avenir plus prospère, vers lequel nous ne tendons qu'en louvoyant, mais qui est le terme marqué de notre navigation.

ISBN : 978-1548299101